讲给孩子的
基础科学 10

推动
人类文明的火

[韩] 成蕙淑 著　[韩] 朱顺娇 绘

郭长誉 译

中信出版集团 | 北京

图书在版编目（CIP）数据

推动人类文明的火 / (韩) 成蕙淑著 ; (韩) 朱顺娇
绘 ; 郭长誉译 . -- 北京 : 中信出版社 , 2023.5
（讲给孩子的基础科学）
ISBN 978-7-5217-5243-4

Ⅰ . ①推… Ⅱ . ①成… ②朱… ③郭… Ⅲ . ①火–儿
童读物 Ⅳ . ① TQ038.1-49

中国国家版本馆 CIP 数据核字 (2023) 第 021876 号

Burning Fire
Text © Seong Hye-suk
Illustration© Zoo Soon-gyo
All rights reserved.
This simplified Chinese edition was published by CITIC Press Corporation in 2023,
by arrangement with Woongjin Think Big Co., Ltd. through Rightol Media Limited.
（本书中文简体版权经由锐拓传媒旗下小锐取得 Email:copyright@rightol.com）
Simplified Chinese translation copyright © 2023 by CITIC Press Corporation
ALL RIGHTS RESERVED

推动人类文明的火
（讲给孩子的基础科学）

著　　者：［韩］成蕙淑
绘　　者：［韩］朱顺娇
译　　者：郭长誉
出版发行：中信出版集团股份有限公司
　　　　　（北京市朝阳区东三环北路 27 号嘉铭中心　邮编　100020）
承 印 者：北京瑞禾彩色印刷有限公司

开　　本：889mm×1194mm　1/24　　印　张：48　　字　数：1558 千字
版　　次：2023 年 5 月第 1 版　　　印　次：2023 年 5 月第 1 次印刷
京权图字：01-2022-4476
审 图 号：GS 京（2022）1425 号（本书插图系原书插图）
书　　号：ISBN 978-7-5217-5243-4
定　　价：218.00 元（全 11 册）

　　　　　　　　　　　　　　　　　　　　　出　品：中信儿童书店
　　　　　　　　　　　　　　　　　　　　　图书策划：火麒麟
　　　　　　　　　　　　　　　　　　　　　策划编辑：范萍　王平
版权所有·侵权必究　　　　　　　　　　　　　责任编辑：谢媛媛
如有印刷、装订问题，本公司负责调换。　　　　营销编辑：杨扬
服务热线：400-600-8099　　　　　　　　　　美术编辑：李然
投稿邮箱：author@citicpub.com　　　　　　　内文排版：柒拾叁号工作室

火是什么颜色的？

火是什么形状的？

火从哪儿来？

火的用途有哪些？

如何才能扑灭火焰？

今天，

火花"火旋风"将为你揭开火的神秘面纱，

带你了解火的特性！

目录

火的本质

火的三个伙伴

火燃烧的样子

火的用途

人们每天都在使用火。
用火烹饪食物，抵御严寒，
制造工具，照亮黑暗。

但假如不能使用火会怎样呢？

感觉冬天更漫长，更寒冷。

冬天人们会点燃暖炉，或者烧开锅炉。

但是，暖炉和锅炉都需要有火才能派上用场。

暖炉是靠生火来散热的器具，

锅炉是用火加热水从而使房子温暖的装置。

那用电暖炉或电热毯不就成了吗？当然可以这样。

但实际上，发电时最常用的就是火！

如果火消失了，每逢冬季，你可能会看到这样的景象。

你得使用由木材和石头制成的工具。

人们在制造使用各种工具时，也要用到火。

没有火，金属和玻璃就无法熔化，也就不能正常制造工具。

人们兴许要像石器时代那样生活，使用石斧和石刀。

当然，也很难使用汽车和飞机等交通工具。

如果火消失了，人们可能会这样生活。

垃圾会堆积如山。

长期以来，人们多用火来焚烧并处理垃圾。
仅凭焚烧就可减少大量的垃圾，
而垃圾焚烧过程中产生的热能可用于发电或供暖。
但如果没有火的话，世界上的垃圾就会不断堆积。
人们丢弃的垃圾总量远远超乎我们的想象，
如果火消失了，地球可能将沦为垃圾的天地。

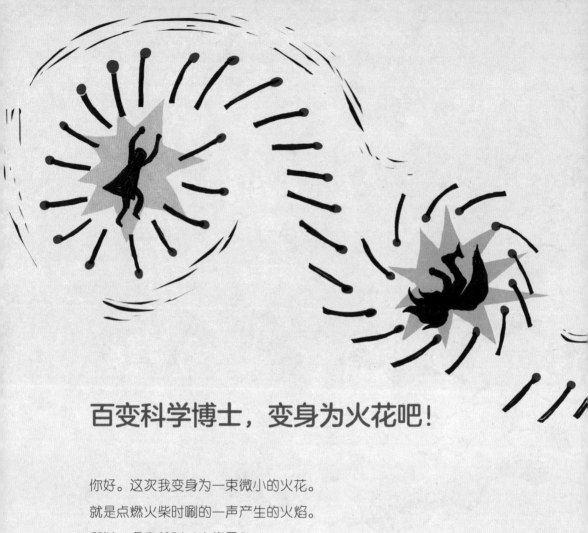

百变科学博士，变身为火花吧！

你好。这次我变身为一束微小的火花。

就是点燃火柴时唰的一声产生的火焰。

所以，名字就叫"火旋风"！

虽然我现在还是一束小小的火花，但只要有适宜的环境，

我就可以长成巨大的火焰。

如果因为我小而无视我，就会遇到大麻烦哟。

你要看到未来的可能性，不是吗？

那么，随我一起去火的世界看看吧。

来，我们出发吧！

火的本质

有火的地方总是明亮夺目、热气环绕。

火提供光与热，给人们的生活带来诸多便利。

但是，火只可远观，不可触及。

长期以来，人类无法识得其真面目。

火，没有固定形状，没有质量，尽情燃烧后就了无踪迹。

火，究竟是什么？

人们又是怎样揭开火的神秘面纱的呢？

从自然界诞生的火

现在就跟随我火旋风一起走进火的世界吧。没错，正是熊熊燃烧的壮美又令人畏惧的火的世界。世上到处都有像我一样微小的火花。不管是怎样的火，一开始都像我一样微小，但随时准备热烈燃烧。

我们无法计数，虽然不能以"多"自居，但我们可以在世界的任何一处角落绽放，就请以"广"形容吧。无论如何都要记牢，我是为你讲述火的故事的独特的火花。我讲的是不是太多了？现在正式开始为大家讲一讲火的故事！

你什么时候用火？因为我们往往会变得很危险，所以小朋友几乎不会自己动手生火。但你一定见过厨房的燃气灶或生日蛋糕上明亮燃烧的火焰，因为现在所有人都知道如何用火。

人们并非从一开始就可以自如地使用火，地球上人类的历史可以追溯到500万年以前，而人类使用火的历史却只有100万年左右。远古时代的人并不知道如何使用火，大多数人对我们感到害怕。那时的人对我们了解很少，只知道我们会在火山喷发的地方或被闪电击中的地方自然产生。而且，发生火灾时森林会被烧光，大量动物也会葬身火海，人们自然惧怕我们。

其他动物看到我们都会先想到逃跑，但人类却略有不同。有一次，有人看着熊熊燃烧的大火，大喊"怪物来了"。当时的人类还只是浑身长毛的原始人，他们大惊失色，大喊大叫地朝我们扔石头、挥棍子，试图赶跑我们，结果连同棍子都被我烧掉了。哈哈哈！

走开！赶紧消失。

不管怎样，人们无法克制强烈的好奇心。虽然害怕但又对我们充满兴趣。正是因为这种好奇心和观察力，人们才可以自如地使用火。

　　随着时间的推移，人成为唯一会使用我们的生物，但也只是会使用而已。当时的人会用火，却不知道如何生火。在人类开始用火后数十万年的时间里，都要凭借大自然的力量来得到我们。他们从火山喷发出的熔岩中、闪电造成的或自然发生的巨大山火中取火使用。人们知道如何用火，努力试图保存火种，却不知道如何生火。

　　古希腊人认为火是非常特殊的，是从神界带到人间来的。他们相信火是巨人普罗米修斯从主神宙斯那儿偷来的，之后才逐渐被人类所使用。虽然这是一个神话故事，但可以看出，古希腊人认为使用火可以与神界相通，是一件极其了不起的事情。

　　生火其实并非易事。

　　所以，在刚开始使用火的时候，人们从外界获取自然产生的火种，小心翼翼地守护火种以防熄灭。不过，在当时，守护火种也是一件非常吃力的事情。但是，在经过 50 万年的漫长

当云层之间或云层与地面之间突然发生强烈的放电现象时，就会产生闪烁的火花。这就是闪电。闪电击中树木，就会引起大火。

地球的中心像燃烧的太阳一样炙热，岩石完全熔化，变成岩浆。岩浆从裂缝中涌出，这就是火山喷发。火山喷发引起的火向周围蔓延，变成大火。

岁月之后，人们灵光一现，开始注意像我火旋风一样的火花，从而萌生了击石取火的想法。

生火真的是一项极其了不起的技术，并非谁都可以做到的。你也要尝试一下吗？应该很难弄出火花吧？可能还没弄出火花就已经泄气了吧。而且，即便你能掌握生火的方法，我们火花也不会那么轻易地出现。所以直到400多年前，保存火种不熄灭一直是一件非常重要的家务活动。现在，幸亏发明了火柴、打火机等取火工具，人们才能随时生火。

火是物质的本原吗

　　我们火与人类一起走过了非常漫长的岁月。从没有记录留存的原始时代，到使用最尖端技术的当今社会，人们在制造各种工具时都会用到我们。

　　人们第一次生火的时候全都欢呼雀跃，但是他们仍然认为火是由神赐予的礼物。人们凝望着炽热而明亮的火焰，认为这是一种神奇的魔法。

　　你认为火是什么？你觉得我们是一种神秘现象吗？我们确实非常神秘，所以很长一段时间，就连科学家也没能掌握我们的本质。

　　那么，来听听很久以前的科学家是怎么看待我们的吧？这要追溯到距今约 2 500 年前，也就是公元前 500 年左右的古希腊。当时，古希腊的哲学家经常争论什么是元素，什么是构成世间万物最根本的成分。

　　古希腊哲学家中，赫拉克利特主张火是构成一切物质的本原，认为火在燃烧所有物质的过程中还会制造各种物质。

　　但这并不是通过实验或确凿证据得出的结论，只是赫拉克利特按照自己的逻辑，把他看到的、想到的、感觉到的现象合理地加以说明而已。

　　在那个时代，人们认为世界上的一切都是神赋予的。在那种环境下，谈论并关心世界由什么物质组成，本身就是一件令人惊叹的事情。

　　虽然古希腊哲学家的众多猜想都是错误的，但赫拉克利特意识到了我们火的伟大之处，这让我很开心。

　　哈哈，我太暴露内心了吗？但是，赫拉克利特能够克服对

泰勒斯是第一个提出物质的本原是"元素"的人。

世界上的一切物质都源于水，又归于水。没有水，所有的生物都无法生存。

万物的本原是火。当火燃烧和熄灭时，就会产生土、水和空气。

赫拉克利特

泰勒斯

火的恐惧，冷静观察并提出火是物质的本原，这多了不起啊！

从那之后，大约过了 50 年，也就是公元前 450 年左右，古希腊哲学家恩培多克勒主张物质是由水、火、土、气这四种元素组成的。他认为，当四种元素在爱与恨的力量下相互聚合或分离时，就会产生各种物质。

但是，在这四种元素当中，恩培多克勒尤其喜欢火，他经常静静地看着跳跃的火焰，感受火的神秘气息。

阿那克西米尼

恩培多克勒

后来，在意大利西西里岛埃特纳火山研究火的过程中，恩培多克勒突然跳入火山口，不幸遇难。虽然无法准确知道恩培多克勒为什么会跳入火山口，但人们认为是他太过于崇拜火，所以才想浴火重生，化身为神。不管怎样，由于我们火的美丽让一个人失去了生命，真是令人惋惜。

　　恩培多克勒的主张被称为"四元素说"，并得到亚里士多德的进一步发展。亚里士多德认为，根据水、火、土、气这四种元素的不同组合，会产生各种不同的物质。亚里士多德认为四种基本元素融合了冷、热、干、湿四种性质，并由此产生了世间万物。

　　亚里士多德的说法很好地解释了周围发生的各种现象，看起来非常合理，人们自然相信亚里士多德的想法就是真理。因此，在长达2 000多年的时间里，没有人提出过反对意见。一个人的想法会被奉为真理那么长时间，真是太厉害了。

　　但遗憾的是，亚里士多德的观点也是错误的。尤其是他错误地把火与水看作相对立的物质。

　　水是物质，火并非物质。

　　把火视为物质是古人最大的错觉。从古希腊哲学家提出此观点起到中世纪这段漫长的时间里，人们都认为火是物质中的一种。火不是物质的话那是什么？如果好奇我们的真面目，那就继续倾听我的故事吧。

火并非物质，而是一种自然现象

如果火是物质的话，应该有某种实体吧？但是，火没有固定形状，也没有质量。自然无法用手拿，也不能称量。它某一瞬间出现在你的面前，又突然消失。那么，燃烧的火焰究竟是什么呢？

一直相信火是物质的人们在可以自由地使用火之后，开始提出与亚里士多德的观点不同的意见。就这样，随着时间的流逝，直到 17 世纪末，人们制造出蒸汽机。

蒸汽机是用煤燃烧时产生的热能来烧水，从而制造出水蒸气，并用水蒸气的力量来驱动机器运行的装置。

蒸汽机发出轰隆隆的声音，喷出水蒸气带动巨大的机器运转，驱动火车运行。我们火在蒸汽机里畅快地燃烧着，释放热量，尽情地喷出大量水蒸气。

人们利用火熔化铁，来制造蒸汽机，再利用火来带动蒸汽机运转，大家对我们火的兴趣越来越浓厚。现在，我们火在人们的日常生活和工业中得到了广泛应用。然而，对于当时的科学家来说，解释火为何物仍是一件值得关注的大事。

在1700年左右，德意志化学家施塔尔首次提出火不是物质的主张。他认为，在亚里士多德的四元素说中，虽然水、土、气是构成物质的根本元素，但是火是一种没有实体的现

象。直到我们火在人类身边驻足 100 万年之后，我们才得遇知音，别提有多高兴了。

　　但是，对我们的了解似乎很难一蹴而就。施塔尔又提出了荒唐的理论，他认为，要想燃烧，物质中必须有叫燃素的物质。

　　施塔尔说，可以燃烧的物质都有燃素，燃烧就是物质在失去燃素后变成更简单的形态的一种现象。物质在燃烧时燃素变成了火，然后我就逃逸了出来。

这一观点叫作"燃素说"。虽然非常荒唐，但施塔尔提出的这一主张，也有一定的道理。

灰比木头轻是因为燃素逸出了。

奇怪。金属失去燃素，为什么反倒更重了呢？

例如，点燃木材，只会留下灰烬，灰烬不是比原来的木材轻很多吗？那是因为木材中的燃素变成火焰和烟气飞走了。

用燃素可以很好地说明大部分物质燃烧时的现象，但是，却无法解释金属燃烧时的情况。实验发现，金属在燃烧过后，质量反而增加了。

虽然施塔尔的观点也是错误的，但百年来仍被用于解释各种科学现象。为什么？因为没有其他方法可以解释物质燃烧的现象呀。

火是物质燃烧时释放的光与热

　　直到 18 世纪末，施塔尔的燃素说都一直享有很高的人气。大部分科学家都致力于将施塔尔的观点发展得更为严谨。发现氧气的英国科学家普里斯特利就是其中之一。

　　普里斯特利是一名牧师，也是一名热情的科学家。他热衷于科学，对其他事情充耳不闻，经常做实验到深夜，邻居们甚至传言他精神异常。

　　1774 年 8 月 1 日，普里斯特利用巨大的凸透镜聚集阳光，用阳光曝晒实验室中的各种物质，发现氧化汞这种物质中有咕嘟咕嘟响的气体逸出。就算没有这种特殊现象，普里斯特利尚且兴致勃勃地做各种实验，出现这种现象后他更加兴奋，马上将这些气体收集起来，做实验研究它们的性质。

　　但是，做过实验的普里斯特利无比震惊。随着蜡烛在装有该气体的瓶中点燃，火焰以难以言说的程度剧烈燃烧。普里斯特利看到了异常强烈的火焰，远远超乎了他的想象，可当时他并不知道为什么会这样。

　　总之，通过这一气体进行了各种实验之后，普里斯特利发现动物和植物在呼吸时也需要这种气体。

　　没错，普里斯特利发现的气体正是氧气。连我这样的微小火花，看见氧气也会无比开心，会比平时更为尽情地释放光和热。普里斯特利通过实验发现了氧气，这是一件非常重要的事情。我们火焰想尽情燃烧，就必须要有氧气，所以要想解释我们，就必须了解氧气。由于受缚于施塔尔的燃素说，普里斯特利未能正确揭示燃烧的原理，普里斯特利可是施塔尔的狂热崇拜者呀。

揭示燃烧本质的人是法国的科学家拉瓦锡。据说，拉瓦锡是一个如果对某一现象产生怀疑，就会不断进行实验直到找出答案，最终解答疑惑才肯罢休的人。这简直是科学家中的科学家啊！

亚里士多德发展了四元素说，他认为，如果持续烧水，水的性质会发生改变而转变成土。拉瓦锡对此产生了质疑。为探明水是否真的可以变成土，拉瓦锡进行了实验。从 1768 年 10 月 24 日到 1769 年 2 月 1 日，足足 101 天，拉瓦锡都在重复同一实验。最终，实验结论表明，水无法变成土。

怎么会相信水可以变成土这样荒谬的说法呢？虽然你生活在科学发达的时代，但过去的科学并不发达，所以相信这些话的人很多。实际上，如果把水放在碗里长时间加热的话，碗的表面可能会有脱落物，会有粉末或残渣之类的沉淀。看到这些，人们便相信会有土产生。甚至连拉瓦锡一开始也相信这一观点，直到被实验证实是错误的。

拉瓦锡对普里斯特利的实验也产生了质疑。根据燃素说，氧化汞加热燃烧时，氧化汞中的燃素会逃逸出来。但是，燃素消失后剩余的气体竟然燃烧得那样剧烈，拉瓦锡觉得这很奇怪。他再次陷入实验之中。经过无数次的实验，终于证实燃素说是错误的。

　　燃烧是物质与空气中的氧气进行氧化还原反应时产生的发光发热现象。多亏了拉瓦锡如此努力，我们火的本质才在1777 年被世人所了解。

　　在日常生活中，我们将某种物质与氧气发生反应释放光与热的现象叫燃烧，书中提到的燃烧都是指物质与氧气反应。一般物质与氧气发生反应时会燃烧，燃烧会释放光与热，也就是火。

火是燃烧时释放的光与热。

把物质加热到足够高的温度，在某一瞬间该物质与氧气发生反应时，开始释放光与热，那时正是我们出现的瞬间。

但是，不觉得哪里有些奇怪吗？木材燃烧时，因为与氧气发生反应，应该更重，可是为什么变轻了呢？这是因为像木材这类容易燃烧的物质在与氧气发生反应时，会变成肉眼看不见的气体逃逸了。因此，余留的灰烬变轻的程度与变成气体逸出的质量相当。

相反，像金属这类不易燃烧的物质在与氧气发生氧化还原反应时，并不会转换成气体逸出，反而会捕获大量的氧气，所以燃烧后的金属要比原来重。金属燃烧时，表面会生成氧化物，这也正是金属与氧气发生反应的证据。

氧气可以使火焰燃烧得更旺盛，生命呼吸也需要氧气。只有与氧气发生氧化还原反应时，物质才会燃烧。当物质与氧气发生氧化还原反应的条件就绪，我们就会立刻奔赴，发光发热。

我们以物质为"食"，靠氧气"呼吸"，即使在短暂的时间内，也能壮大身体，照亮世界，散发热量。

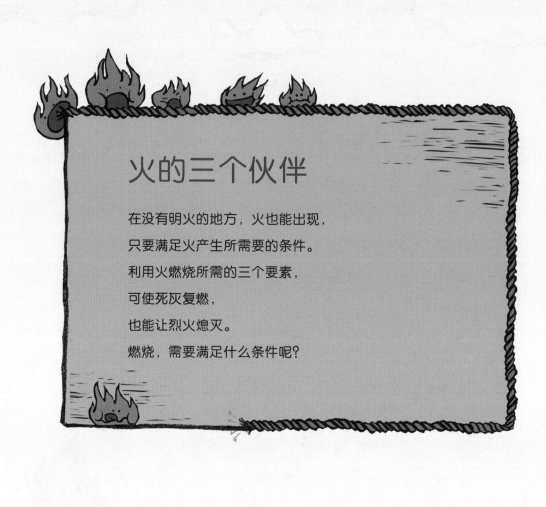

火的三个伙伴

在没有明火的地方，火也能出现，

只要满足火产生所需要的条件。

利用火燃烧所需的三个要素，

可使死灰复燃，

也能让烈火熄灭。

燃烧，需要满足什么条件呢？

可供呼吸的氧气

虽然我们火给人们带来了巨大的影响，陪伴人类一起度过了100万年的时光，但是人们有时仍会认为我们是微不足道的存在。像我这样的微小火花，很多时候都没有充分燃烧就消失得无影无踪。如果没有其他伙伴的帮忙，我就无法生存，每当这时，我都会觉得愧对火旋风这个名字。

如果你希望我能一直留在你的身边，那最好要记住我需要的三位伙伴。虽然火好像在任何地方都可以出现，但实际上必须满足三个条件。

我需要什么来维持生存呢？如果从现在开始认真聆听我的故事，你马上就会知道了。没错，我最先需要可供"呼吸"的氧气。

我们通常所说的燃烧是物质与空气中的氧气发生反应时产生的一种现象。所以，要想燃烧，一定要有氧气。

换言之，我若要生存，需要空气中的氧气这一气体。就像在普里斯特利的实验室中进行的那样，如果我要发出明亮的光与热，就必须有氧气。因此，在揭示火的本质的过程中，氧气的发现尤为重要。

给火扇风时火烧得更旺，你知道吧？这正是因为给火提供了氧气。扇动产生风，这样物质就能与更多的氧气接触，燃烧也自然活跃起来。燃烧活跃时我们的身体变强壮了，就会产生大量的光与热。氧气可以使快要熄灭的火"精力充沛"！

古人凭借经验知道了这一事实。以前，铁匠铺为了打铁或冶炼铁水，会用一种名为"风箱"的工具。用风箱对准火炉鼓风时，火遇到可供"呼吸"的空气增多，会燃烧得更猛烈。

虽然金属不易燃烧，但拉丝制成的钢棉或铝箔丝相对容易点燃，而且能观察到金属明亮燃烧的状态。 这是因为构成金属的微小颗粒彼此紧密相连，没有缝隙可供空气进入，而那种像线一样细的钢棉或铝箔丝，与空气接触的面积大幅增加，自然就更容易燃烧！

想要某种常见的物质燃烧起来，氧气越多越好。空气中混有各种气体，其中只有约五分之一是氧气。

因此，如果把氧气单独收集起来助燃，就连快要熄灭的火花也能燃烧为巨大的火焰，强劲程度足以令普里斯特利大为震惊。

什么？仅凭氧气就能使我壮大，你不相信吗？那就收集氧气亲自试验一下吧。

制取氧气

准备物品：

漂白剂（标有过氧化氢字样的粉状产品）、新鲜土豆 2～3 个、塑料袋、橡皮筋、玻璃瓶、玻璃板、香、火柴、菜板。

实验步骤：

1. 把土豆放在菜板上切碎，然后装进塑料袋里。

2. 在塑料袋里放入与土豆等量的漂白剂。

3. 最大程度排除塑料袋里的空气，然后用橡皮筋捆住袋口。

4. 晃动塑料袋，使土豆与漂白剂混合均匀。

5. 放置 2～3 小时，直到塑料袋膨胀为止。将塑料袋放置在

温暖处可加速膨胀。

6. 塑料袋充分膨胀后，将袋内的气体移入玻璃瓶中。

7. 迅速用玻璃板封严玻璃瓶口，以防止移入玻璃瓶内的气体逸出。

8. 让父母点燃香后，随即熄灭火焰，保留微弱的火星。

9. 小心翼翼地将香火放入玻璃瓶里，观察会发生什么实验现象。

实验结果：

微弱的香火会发出耀眼的光芒，熊熊燃烧。

为什么会出现这样的结果?

将土豆与漂白剂一同装入塑料袋里可产生氧气。如果将这些氧气转移到玻璃瓶中,玻璃瓶内的氧气含量可能会达到普通空气中氧气含量的近5倍。燃烧需要氧气,如果氧气变成了之前的5倍,那火该有多么旺盛就不必说了吧?微弱的香火与氧气相遇,获得"力量",剧烈燃烧。

现在大家相信氧气可以加剧燃烧的事实了吧?给即将熄灭的火提供氧气,就相当于为生命垂危的人接上氧气呼吸机。想要让我尽情燃烧,提供充足的氧气是一大重要手段,这一点一定要牢记!

可燃物

氧气对于我们来说非常重要。但是，并不是说有氧气就能燃烧。无论向玻璃瓶内注入多少氧气，如果瓶内未放入任何可燃物，都不会有火产生。

要想燃烧，需要有可以燃烧的物质。

点燃木片或纸张时，会产生火花，并熊熊燃烧吧？就像你从食物中获取能量来生存一样，我们也会以易于燃烧的物质为"食"，奋力燃烧。如果没有"食物"的话，再壮烈的火也会转瞬即逝。

物质中有一些我们火特别爱"吃"，最具代表性的就是生火时经常用到的火绒。火绒是一类非常容易燃烧的物质，只要

有一点点火星就可以燃烧。

人类祖先主要用干透的枯草叶团来制作火绒，充分干枯的草叶很适合当我们火的"食物"。在灶坑烧火时，如果直接烧树枝，不易点着，可能需要花费很长时间。所以，先点燃干枯的草叶或稻草，火旺起来后，再用这样的大火点燃树枝。

欧洲的一些国家常用一种名为木蹄层孔菌的干枯的蘑菇来制作火绒。把干枯的木蹄层孔菌掰开，会露出像海绵一样松软的内部，很适合我们火"享用"。因此，点燃干枯的木蹄层孔菌时，很容易起火，而且火势瞬间就会变大。

为什么干枯的草或蘑菇容易点燃呢？那是因为它们不坚硬，中间有很多空隙，可充分容纳空气。因为空气充足，我们火"吃"东西和"呼吸"时才不会有不适感。即使是我火旋风这样微小的火花，只要尽情地呼吸空气，享用美味的"食物"，就会获得力量，长成大火。

所以，火焰的"呼吸"需要氧气力量的补充，还需要有"食物"——可燃物，二者同时存在才能产生火焰。

一般常见的物质若想燃烧，就必须做好准备与氧气相遇。

人们把我们喜欢的"食物"，即易燃物质单独收集起来，把它们称作燃料。石油、煤炭、天然气等是典型的燃料。木材在很长一段时间也被用作优质燃料。

　　当然，也有我们无法"食用"的物质。我们也跟你一样，不是什么都"吃"的。在所有的物质中，有的物质不能与氧气进行反应，所以不能燃烧。

　　石头或泥土这类物质并不怎么喜欢氧气。由于组成石头或泥土的颗粒之间很紧密，没有缝隙可供氧气进入，如果"食用"这种物质，我们就会无法"呼吸"，从而无法生存。如果不是遇见力量强劲的大火，石头、泥土这类物质一般不会有

任何变化。就像你不食用自己无法消化的食物一样，我们也无法"享用"这类物质。

我们无法"享用"的物质，就是不易燃烧的物质。这类物质虽然对我们丝毫没有用处，但对人类来说却尤为重要。人们建造房屋时，主要使用石头、金属和石棉等不易燃烧的材料。这类材料的组成颗粒彼此紧密聚合，氧气无法混入其中。

石棉防火绝热，长期以来被用于建筑墙体，消防员穿的衣服也有石棉成分。但是，石棉产生的灰尘会对人体造成危害。基于这一原因，人们减少了对石棉的使用。现在，人们开发并使用陶瓷纤维和玻璃纤维等物质来代替石棉。有些陶瓷纤维和玻璃纤维，即使在1700℃的高温下也不会燃烧，能有效阻挡热量。

高于燃点的温度

物质燃烧所需的最后一个条件是什么？不是只要有氧气和可燃物就能自行燃烧吗？你是不是觉得还应该有像我一样的火花？嗯，确实可以这么想。因为有我的话，很容易把火引到其他物质上。像我这样的火花可以把物质的温度加热到足以燃烧的程度，我用自身的热量来提高物质的温度。

也就是说，即使像木头和纸张这样容易燃烧的物质，也不会自行燃烧。即使有充足的氧气，也必须达到很高的温度。物质加热时，温度会渐渐升高，当物质达到特定的温度时，就会开始燃烧。像这样，我们把物质开始燃烧的现象叫着火，开始着火的那个特定温度叫燃点。

要想起火，必需的最后一个条件就是有高于燃点的温度。

所以，要想起火，并不一定需要像我一样的火花！即使在完全没有明火的地方，着火的情况也很多。像纸张或木材这样容易燃烧的物质，即便不直接接触火，只要受热到一定程度就会开始自动燃烧。不是有火花才会着火，而是温度到达燃点才更重要。

想一想古人生火的方法吧，你不会以为一开始就有火花吧？先来看看击石取火的方式吧。用铁矿石大力撞击坚硬的打火石，由于摩擦会瞬间产生很高的热量，从打火石上脱落下来的石粉的温度会升高，我火旋风就会在极为短暂的一瞬间出现。在我消失之前，如果给我一些像火绒这类我喜欢的"食物"，我就会利用空气中的氧气，生长成更大的火焰。

　　钻木取火也是同理。摩擦树枝时产生的热量可提高树枝的温度从而生火。

现在还不相信我说的话吗？好吧，那我们用实验来检验一下，看看没有明火时物质能否燃烧！

 在没有明火的状态下点燃物质

准备物品：

　　放大镜、报纸、纸巾、木筷、火柴。

实验步骤：

　　1. 阳光明媚时去户外找一处沙地。

　　2. 将报纸折成手掌大小，放在沙地上。

这样可能引发火灾，一定要在大人陪同的情况下完成！

3. 调整放大镜使阳光会聚在报纸上的某一处。

4. 持续会聚阳光照射报纸，观察实验现象。

5. 用同一方法测试一下纸巾、木筷和火柴。

实验结果：

会聚阳光持续照射物质，时间长了物质就会冒烟，随后自燃。但是，不同物质起火所需的光照时长不同。报纸、纸巾和火柴起火较快，木筷则可能需要光照很长时间才能起火，也有可能根本无法点燃。

为什么会出现这样的结果？

会聚阳光进行照射的期间，太阳能使报纸的温度升高，报纸吸收了热能。因此，当报纸的温度达到燃点时，报纸就会在氧气的助力下开始燃烧。另外，报纸比木筷起火快，是因为报纸的燃点远低于木筷的燃点。

怎么样，没有明火也会着火吧？现在相信我说的话了吗？你刚才做的实验事实上就是古人用来取火的方式之一。无论是击石取火、钻木取火，还是透镜取火，这些方法都是把物质的温度提高到燃点。

各种物质的燃点

纸张，约为230℃。

火柴，约为260℃。

煤，330 ~ 450℃。

木炭，约为360℃。

木材，400 ~ 470℃。

酒精，约为75℃。

甲烷，650 ~ 750℃。

如果有足够的热量使物质温度升高，我火旋风就会出现并燃烧起来。古时的人们能了解这些，真的很了不起。

但是，靠这种方法来取火非常麻烦。需要随身携带打火石和火绒，生火也需要花费很长时间。于是，人们绞尽脑汁，思考能否更轻易地召唤我们，最终发明了仅靠摩擦生热就能轻易点燃的火柴。火柴是利用每种物质燃点不同这一特点研制而成的，堪称是一项伟大的发明。

燃点低的物质容易点燃，燃点高的物质则不易点燃。

火柴的燃点在几百摄氏度左右，与其他物质相比燃点偏低。跟火柴比起来，有些物质即使在超过1000℃的高温下仍无法点燃。温度达到几百摄氏度还低吗？哈哈，想要我们火出现，最起码得有那么高的温度啊！

你应该也意识到了，你在生活中用来取火的大部分物质，其燃点都较低。即使是轻微的摩擦或微小的火花，也能轻易点火。

通常情况下，具备氧气、可燃物以及高于燃点的温度这三个要素的话，我们火就可以熊熊燃烧。因此，人们一般将这三点叫燃烧的三要素。这三点对我们来说，可是必要的条件呀！

　　世界上充满空气，所以氧气很容易获得，我们火"食用"的燃料也比较容易找到。但如果我们要来到这个世界，就必须有高于燃点的温度，所以我们火生存下去也并不是一件容易的事情。只要不具备三个要素中的任意一项，我们火就只能安静地隐藏起来。

燃烧与呼吸的相似之处

人类的呼吸与火的燃烧类似。你通过食物获得的营养成分在与氧气发生氧化还原反应时可提供能量。然而，发生在人体内的呼吸与烛火的燃烧不同，呼吸不会产生火花。像人眼所见一样，呼吸不会释放出很高的热量。但在广义上，科学家也将呼吸视为氧化还原反应的一种。

燃烧　　　呼吸

物质

燃烧煤炭、石油等燃料。

呼吸过程中需从食物中获取碳水化合物、脂肪、蛋白质等营养成分。

氧气

燃料与氧气发生氧化还原反应。

营养成分与氧气发生氧化还原反应。

能量

释放光能与热能。

提供维持体温和生命所需的能量。

剩余物质

燃料燃烧变成新的物质，生成二氧化碳等。

营养成分与氧气发生氧化还原反应变成新物质，生成二氧化碳等。

灭火的方法

　　运用燃烧的三要素，不但能帮助人们生火，也能让人们灭火。

　　在失火现场，人们经常采用破坏这三个条件的方法来灭火。那么，让我们回到发生过巨大火灾的过去，一起看看人们是如何灭火的吧。

　　2009 年 8 月 25 日，美国洛杉矶爆发了一场巨大的山火。消防员收到消息后乘坐消防车迅速赶往火灾现场，并向大火中浇水。

　　人们在灭火时最常用的方法就是洒水，洒水可使温度降低，让我们无法燃烧。

我们火为了继续燃烧，必须保持数百摄氏度以上的高温。洒水能降低温度，而且水变成水蒸气也可带走热量。因此，喷水可使温度降低至燃点以下。在可燃物温度低于燃点的状态下，我们终将失去活力。我们失去力量就无法燃烧其他物质啦，就像人们会在严寒中蜷缩起来一样，我们火也会在温度低的时候"蜷缩"起来。

这里注意一下！失火时也并不是总需要浇水的，油起火的时候浇水是不行的。油不溶于水，可以在水面漂浮，并继续燃烧。那该怎么办呢？好好听我讲吧。

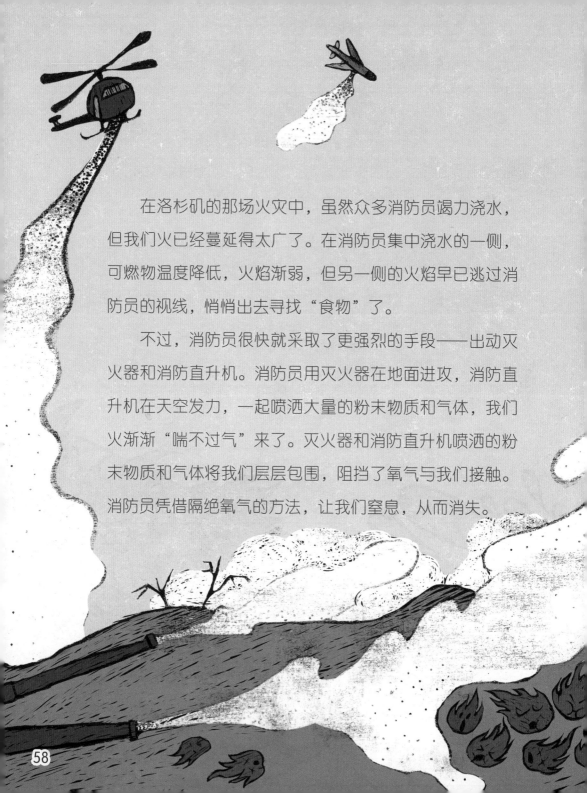

在洛杉矶的那场火灾中，虽然众多消防员竭力浇水，但我们火已经蔓延得太广了。在消防员集中浇水的一侧，可燃物温度降低，火焰渐弱，但另一侧的火焰早已逃过消防员的视线，悄悄出去寻找"食物"了。

不过，消防员很快就采取了更强烈的手段——出动灭火器和消防直升机。消防员用灭火器在地面进攻，消防直升机在天空发力，一起喷洒大量的粉末物质和气体，我们火渐渐"喘不过气"来了。灭火器和消防直升机喷洒的粉末物质和气体将我们层层包围，阻挡了氧气与我们接触。消防员凭借隔绝氧气的方法，让我们窒息，从而消失。

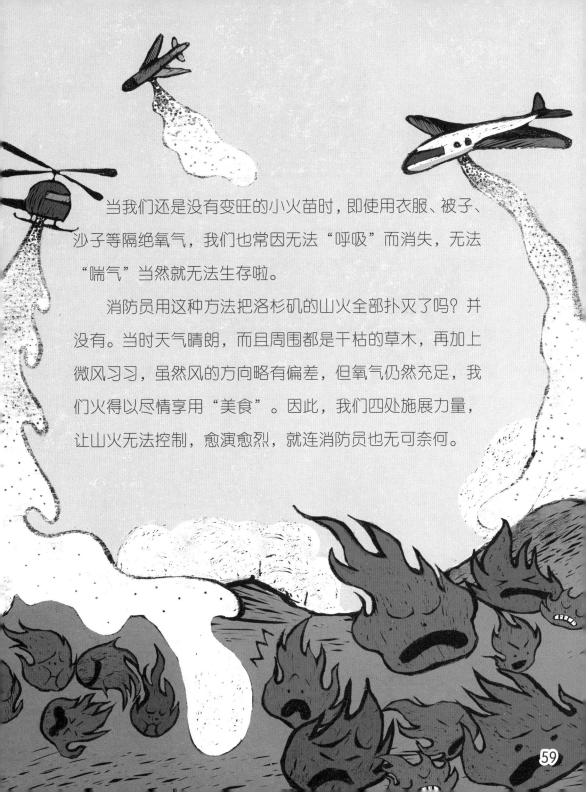

　　当我们还是没有变旺的小火苗时，即使用衣服、被子、沙子等隔绝氧气，我们也常因无法"呼吸"而消失，无法"喘气"当然就无法生存啦。

　　消防员用这种方法把洛杉矶的山火全部扑灭了吗？并没有。当时天气晴朗，而且周围都是干枯的草木，再加上微风习习，虽然风的方向略有偏差，但氧气仍然充足，我们火得以尽情享用"美食"。因此，我们四处施展力量，让山火无法控制，愈演愈烈，就连消防员也无可奈何。

最终，森林和村庄都被我们吞没。可我们还在继续寻找"食物"，逐渐蔓延，消防员连最后的方法都动用了。你知道燃烧三要素中最后一项是什么吗？对，可燃物！就是清除燃料。

　　消防员最终在山火蔓延方向的另一侧点着火，两团火尽情享用"食物"不断前进，它们相遇后，之间就没有可以再燃烧的物质了。没有可"吃"的了，我们火才终于失去力量，无法继续蔓延。就这样，2009年的洛杉矶山火事件才最终落下帷幕。

　　如果你看到了燃烧现象，那就说明燃料与氧气在高于燃点的温度下在剧烈反应。我们火就是具备这三个要素时所产生的光和热量呀。

妥善使用火可为人们提供巨大的帮助，但用火不善有时则会对人们造成极大的危害，我们火吞噬物质往往就在一瞬间。韩国有句话说：火灾发生 1 分钟，扑灭火需要一杯水；火灾发生 2 分钟，扑灭火则需要一桶水；火灾发生 3 分钟，扑灭火则需要 1 吨水。这句话的意思就是在说，妥善用火固然重要，但及时灭火同样非常重要。所以，一定要记住燃烧的三个要素！如果破坏燃烧发生的条件，再大的火也终将熄灭，你知道了吗？

火燃烧的样子

看那燃烧的火苗，好像美丽的花蕾。

仔细观察就能发现，即便是同样的火，

也会呈现不同的色彩，

如，黄色、红色、蓝色等不同的颜色。

为什么会出现不同的形状与颜色呢？

火燃烧时会发生什么呢？

火焰的产生过程

看见那燃烧的美丽烛火了吗？我喜欢那美丽且照亮黑暗的火。火花，寓意像花儿一样美丽，是非常合适的名字。它静默燃烧的样子也很神秘……我也想像烛火一样，久久发光，点亮世界。为什么突然提到蜡烛呢？

到目前为止，我已经讲述了我们火的本质以及出现所需要的条件，这次我打算通过烛火来为你详细介绍我们的样子。

说起燃烧，你会想到什么？从像我一样微小的火花、烛火，到篝火，再到巨大的火焰，你兴许会想到各种各样的火。

但是，为什么一定要点燃烛芯，蜡烛才能燃烧呢？为什么只有点燃烛芯，才能产生火焰，进而燃烧，而点燃蜡烛则只会使之熔化呢？

那是因为蜡烛只有变成气态才能燃烧。大多数物质以固体、液体和气体三种状态存在，并且状态随温度而变化。物质在固体或液体状态时，构成物质的分子彼此紧密聚集；在气体状态时，分子之间的距离相对较远。

因此，当物质为固体或液体状态时，构成物质的分子很难与空气中的氧气直接接触或进行反应。变为气体状态后，构成物质的分子各自分开，氧气容易混入其中，互相进行反应。你也知道，一种物质被火点燃，意味着该物质与氧气反应，并释放光与热量。所以，当物质处于气体状态时，比处于固体状态或液体状态时，更易燃烧。也就是说，物质为气体状态时易于燃烧。

同理，蜡烛在固态状态下点燃也不会燃烧。火焰的热量使固体蜡熔化成液体状态，这些液态蜡只有变成气体状态才能与空气中的氧气发生反应，产生火焰。

但是，点燃气态的蜡与点燃烛芯有什么联系呢？蜡烛的烛芯可帮助液体状态的蜡变成气体。烛芯由多股线捻合而成，所以有很多缝隙，多亏这些缝隙，液态蜡才可以轻松移动到有火焰的烛芯顶端，流向火焰的液态蜡由于受热而变成气体，伴随着这些气态蜡不断燃烧，火焰也会持续。

③在烛芯顶端，气态蜡与氧气发生反应，生成火焰。

①点燃烛芯，烛芯受热升温。

②烛芯里的蜡受热熔化后，迅速变成气体。

⑥在烛芯顶端，随着液态蜡持续变成气体，火焰得以维持。

⑤液态的蜡沿烛芯快速上移。

④由于火焰的热量，烛芯周围的蜡由固态变为液态。

一般物质都要变成气体才能燃烧。

易燃的酒精和油在液体状态下也不能燃烧产生火焰。像蜡烛一样，酒精和油受热变成气体状态后，才可燃烧产生火焰。

酒精看似是在液体状态下燃烧，那是因为酒精非常容易蒸发为气体。液体酒精上面浮着一层气态酒精，当你点火时，浮在上层的气态酒精就会燃烧出现火焰。

不只是酒精，甚至木材和纸张等物质也都是在变成气体后才能与氧气反应产生火焰。给木材点火，木材会变热，木材的成分发生变化，构成木材的成分会变成气体逸出。然后该气体与氧气反应，产生火焰。由于这一过程发生得极快，所以你才没有察觉到。

不相信木材可以冒出气体？那就动手实验一下吧。用铝箔将木筷包裹后，用蜡烛进行加热。注意，不要包得太严，以确保气体可以逸出。加热包裹木筷的铝箔时，铝箔末端或缝隙中就会冒出白烟。

小心点燃这些白烟，就会看到白烟像蜡烛一样生出火焰，进行燃烧。但是我们火随时都可能变得十分危险，所以一定要

和大人一起做这个实验哟！

　　然而，物质燃烧的时候，并非总会产生火焰。即使持续燃烧，有时也不会生成火焰。

变成气体的燃料在一定温度下与足够量的氧气相遇时会产生火焰，但如果燃料无法释放可燃气体，那燃烧就只会发出明亮的光，而不会产生火焰。木炭燃烧时就是这样的。

木炭由木头烧制而成，容易变成气体的物质已经在烧制木炭的过程中逃逸出去了。因此，木炭燃烧不会产生火焰。而木炭之所以能够继续燃烧，是因为木炭有很多小孔。把木炭加热至高温时，孔间的氧气与木炭反应，进而燃烧。由于这些孔非常小，很难与足够的氧气接触，所以，木炭会在没有火焰的情况下缓慢燃烧很长时间。人们常说的火焰，是气态燃料与氧气反应的产物。

总而言之，物质燃烧产生火焰，第一步是从物质变成气体开始的。一开始就是气体状态的物质很容易与空气中的氧气相遇，所以，即使只有像我一样的微小火花，燃烧也会马上开始。

固体或液体状态的物质在变成气体后，要有可与氧气反应的足够的热量，才能产生火。因此，可以说物质开始燃烧的温度，与物质变成气体的温度有很大关系。

火焰的形状

　　人们说摇曳的火焰好似一朵含苞待放的花蕾，可能是因为包裹着烛芯的火焰末端越往上越细，火焰顶端呈尖状。但是火焰为什么是尖尖的呢？就长那样？哎呀，世上哪有无缘无故的事情呢？

　　那是因为对流啊。随着火苗不断向四周传递热量，暖而轻的空气或水汽向上爬升，冷而重的空气或水汽向下沉降，从而促进热量均匀传播，这一现象叫作对流。

　　要不要来做个实验？实验一下蜡烛周围是否也有对流发生。把手靠近蜡烛，分别放置在蜡烛的侧面、下方和上方等不同位置，比较一下哪里更热。

如果操作规范，当手放置在蜡烛上方时，你会感觉最热。这一现象是由热空气向上爬升产生的。蜡烛燃烧期间产生的热量可加热周围的空气，变热的空气从而向上爬升，对流随之发生。

　　由于对流，当冷空气涌向火焰末端的烛芯时，变成气体的蜡烛成分与冷空气中的氧气反应，产生火焰，尽情释放光和热。

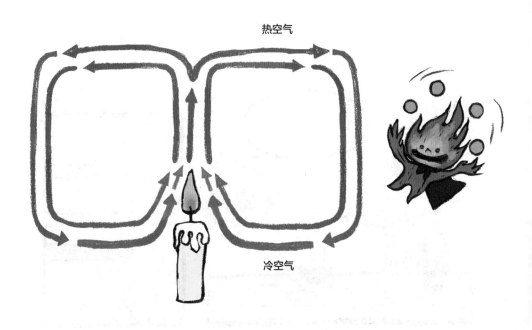

热空气

冷空气

在此期间，空气变热向上爬升，冷空气再次流向这一位置进行补充。就这样，蜡烛近处的空气会持续向上爬升，正是因为空气的这种流动，使火焰看起来像花蕾的形状一样。

火焰总是向上，好像要上天似的。回想一下这期间你看到的火焰。无论从前看还是从后看，我们看起来都是向上燃烧。或许你还从未见过向下燃烧的火焰。什么？是因为我们火向往天空才这样的吗？哎呀，如果是这种理由我还会给你讲吗？

这也正是因为对流啊。不是说过火焰的形状是因为空气的流动而形成的嘛。火焰随上升的热空气运动，所以看起来就如同向上涌动一样。

对流引发的空气流影响了火焰的形状。

如果不发生对流运动，火焰会是什么形状呢？之所以会发生对流运动，是由于地球的重力作用。地球重力对重的物体施加的引力大，对轻的物体施加的引力小。加热后的空气变轻，受重力的影响减弱，进而向上爬升；冷却的空气变重，受重力的影响增强，从而向下沉降。

由于地球上时刻发生对流运动，所以火焰总是向上舞动，

外形像修长的花蕾。

与地球上不同，太空中宇宙飞船和人造卫星处于失重状态，内部几乎没有重力，在这种地方点燃蜡烛，火焰会呈球状。即使烛芯周围的空气变热，但没有重力不会发生对流运动，所以空气不会向上运动，而是原地静止。因此，火焰才呈现圆球的形状。很神奇吧？

在失重的空间里，并非只有火焰的形状

会不同，蜡烛也难以长时间燃烧。蜡烛能在地球上持续燃烧，是由于对流运动。只有当存在对流运动时，烛芯底端才不断有新的空气供给，从而提供充足的氧气。但在失重的空间里，因为没有空气流动，蜡烛周围的氧气全部燃尽后，氧气便会消失，因此火苗很难再维持下去。也就是说，在宇宙飞船内点燃蜡烛时，火焰膨胀成球状后就会熄灭。不管怎样，我火旋风都想要生存下去，这么想的话还是地球最好啊！

火焰的温度与颜色

　　我们已经了解了火焰形状的秘密，从现在开始，来观察一下火焰的颜色吧。再来好好看看蜡烛吧，蜡烛上燃烧的尖尖的火焰，看起来是什么颜色呢？

　　似乎很难用一句话来描述火焰的颜色，火焰的颜色好像会变化，仔细观察你会发现，虽然没有明显的界线，但火焰是分层的。

　　蜡烛的火焰大致可分为外焰、内焰、焰心三个部位。火焰最外围的部分叫外焰，外焰呈明亮的淡黄色，肉眼看起来几乎是透明的，所以难以观察。在紧邻外焰的内侧区域，有一片可发出明亮的橙色或红色光芒的区域，这一区域就是内焰。穿过内焰，在火焰最靠内的区域，就是看起来较暗的焰心。

　　那么，烛火分层且颜色各异的原因是什么呢？因为火焰每一层的温度都不相同。虽然很难测定火焰的实际温度，但通过简单的实验就可得知火焰每一层的温度并不相同。

　　准备好三根木筷后，将木筷放入烛火中观察，使其分别穿过外焰、内焰和焰心。由于接触火焰的区域不同，木筷燃烧的程度也会不同。

实验发现，放在火焰顶端的木筷会烧焦变黑，而放在火焰中间的木筷外面会烧黑，里面的颜色则较浅。放在烛芯（焰心）附近的木筷中间部位几乎没被烧焦，颜色最浅。你知道温度越高的区域越容易烧焦，木筷也就越黑吧？

所以，从木筷烧焦的程度来看，火焰最外侧的外焰的温度最高，焰心的温度最低。

外焰
外焰温度最高，约
1 400℃，该区域呈
透明的淡黄色。

内焰
内焰仅次于外焰，约
1 200℃，但最为明
亮，该区域呈现橙色
或红色。

焰心
焰心温度最低，大约
在 400 ~ 900 ℃，
亮度最暗。

由于外焰与空气直接接触，所以氧气供给充足。因此，气态蜡与氧气剧烈反应，并释放出大量的光和热。相较于外焰，内焰位于火焰内侧，氧气不充足，因此有的颗粒无法完全燃烧。这些无法燃烧的颗粒被加热到极高的温度，飘浮在火焰中，发出明亮的光芒。而焰心作为蜡变成气体的场所，聚有大量无法燃烧的气态蜡。因此，焰心的温度最低且颜色最暗。

燃烧的充分程度影响了火焰的颜色。

那么，燃气灶火焰的颜色不同也是这个原因导致的吗？没错。燃气灶燃烧的天然气主要成分是甲烷，而甲烷中的碳燃烧得很充分，几乎没有碳颗粒悬浮，所以看起来呈蓝色。燃烧越充分，火焰的颜色越接近蓝色。

　　燃气灶进风口较小，天然气无法与足够的氧气相遇时，火焰也会呈黄色或橙色。

　　火焰受燃烧充分程度的影响呈现出不同的颜色，这也意味着会发出不同颜色的光。我们火是物质与氧气反应时产生的光和热量，你还记得吧？也就是说，不同物质与氧气发生反应时，会释放出各不相同的光和热量。

　　更为有趣的是，即使不与氧气发生反应，所有物体也都能发光。虽然难以置信，但事实上无论是哪种物体，都可以发光。

　　甚至包括你的身体！但当物体的温度较低时，只能发出肉眼看不到的光，所以你才不知道而已。

有热量的地方必然会发光。

把铁烧热时，虽然不会产生火焰，但随着受热程度的变化却可以看到不同的颜色。刚开始一点光都没有，当铁渐渐变热，到 500℃左右时，铁就开始变成黑红色。在 800℃左右时，铁变为红色，继续加热则会变成橙色，再继续加热的话，会变成黄色。如果持续给铁加热，当温度超过 1 400℃时，铁会发出所有颜色的光，看起来近乎是白色的。

物体因自身温度不同会发出不同颜色的光，夜空中闪耀的星星也是同样的道理。所有恒星都因自身温度的不同而发出不同颜色的光，人们可通过恒星的颜色来了解它的温度。虽然肉眼看起来都是白光，但如果拍下照片仔细观察，就可看到星星会发出多种颜色的光，从红色到白色，再到蓝色。

温度越低，靠近红色区域的光线就越多；温度越高，临近蓝色区域的光线则越多。

那么，烟花是利用这一原理来燃放的吗？不是的。烟花能发出不同颜色的光不是因为温度，而是因为烟花中所含有不同的金属。金属与氧气反应进行燃烧，可发出具有独特颜色的光。不同种类的金属在燃烧时，会呈现出各自特有的颜色。例如，制造电线所用的铜在燃烧时呈绿色，电池中常用的锂燃烧时呈紫红色。

所以，决定火焰颜色的不只是温度一个因素。不同种类的物质与氧气相遇，会发出不同颜色的光，与物质接触的氧气是否充足，也会影响火焰的颜色。

火燃烧之后

现在再看看前面点燃的蜡烛，蜡烛变短了好多呀。随着烛火的燃烧，固体蜡烛熔化为蜡油，蜡油沿烛芯上升，成为气态蜡，气态蜡与氧气相遇，燃烧产生火焰。

因此，烛火燃烧得越旺，蜡烛变短越快。那么，蜡烛会完全消失吗？物质燃烧时似乎会完全消失，但事实并非如此，物质只是变成肉眼看不见的其他物质飞到空气中罢了。

像木材、酒精、石油等人们用作燃料的易燃物，大部分都含有碳和氢。当然，蜡烛中也含有碳和氢。但是，蜡烛中的碳和氢在燃烧时，会与氧气反应产生新的物质，也就是二氧化碳和水。二氧化碳是由碳和氧结合而成的，水是由氢和氧结合而成的。

天然气等气体燃料和汽油等易挥发的物质，容易与氧气反应，所以能完全燃烧，生成肉眼看不到的二氧化碳和水。

但是，像蜡烛这样不易变成气体的物质，很多时候不能完全燃烧。这时，由于燃料未充分燃烧，会产生黑烟，也会产生难闻的气味。

　　有些物质即使发生燃烧也不会产生二氧化碳和水，就像金属这类不含有碳和氢的物质。例如，铁与氧气发生反应时会生成四氧化三铁等新物质，而不会产生二氧化碳和水。四氧化三铁是固体，不会飞到空气中，而是在原地留下灰烬。

　　我们火喜欢的燃料在燃烧期间大部分会变成气体飞走，所以燃烧时只留下极少的残渣。但是，像金属这样不易燃烧的物质，由于无法变成气体飞走，大部分会留下灰烬。

　　无论我们火燃烧后会产生什么物质，都有一个共同点：只要是我们到过的地方，物质原本的面貌都会消失不见，只剩下一堆燃烧后的废墟。所以，我们还有一种能力——帮人们清理垃圾。

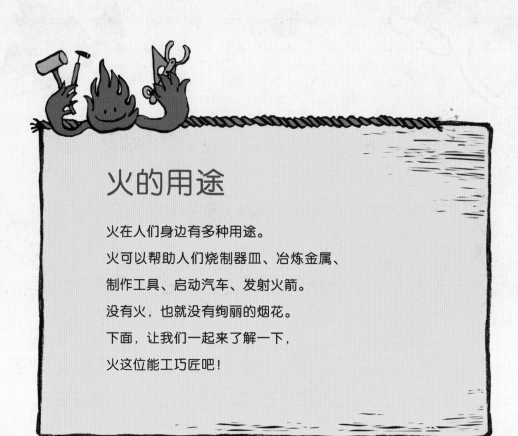

火的用途

火在人们身边有多种用途。

火可以帮助人们烧制器皿、冶炼金属、

制作工具、启动汽车、发射火箭。

没有火，也就没有绚丽的烟花。

下面，让我们一起来了解一下，

火这位能工巧匠吧！

烧制器皿

　　人类的历史随着我们火而发展。说我在吹牛？天哪，人们不用在寒冷中四处奔波，可以在一个地方定居下来，当然是多亏了我们啊。随着人们走向聚居，人口也开始迅速增加，人们需要的食物也越来越多。于是，农业自然而然地产生了。当然，我们火在农耕中也发挥了很大作用，人们正是用火把杂草丛生的土地变成了农场。

　　农业极大地改变了人类的世界。在此之前，人们以采集、狩猎为生。在耕种时，人们需要容器来储存谷物和水果。人们制作器皿来储存粮食，或在器皿里烹饪食物。人们能做出器皿多亏了我们火，哈哈，看我火旋风多厉害！

一个偶然的发现，人们得知可以用火来烧制器皿。其实，大多数发现和发明都是从偶然开始的。人们发现，生过篝火的地方周围的土地会变得很坚硬，于是开始在地上挖洞并涂抹黏土，再生火烧制，当火熄灭后，黏土果然变得坚硬了。最初的粗陶器就是这样诞生的。

当然，在没有我们帮助的情况下，也可以用黏土来制作器皿。用黏土塑形后在阳光下晒干即可。但是，晒干后的器皿很容易裂开。因为黏土里的水仅是被风干了，所以这种器皿不能用来烧水。黏土制成的器皿必须在火中煅烧才能变得坚固。

当我们全力燃烧时，土中留有的水会逸出，并使一部分土熔化后紧密粘连，形成一个坚固的器皿，即使烧水也不会破裂。

据有的学者考证，人类在一万年以前就已经开始制作并使用陶器了。那个时候，人们在地上生火来制作器皿。

在开阔的空间燃烧时，不管我们燃烧得多么剧烈，只能达到600℃左右的温度。低温陶是在600～800℃下煅烧而成的。

由于低温陶没有经过高温煅烧，所以土无法完全熔化。这样一来，陶器上就会留下一些微小的孔洞，所以很容易渗水。

因此，人们通过不断的努力创造出越来越精细的器皿，从简单的粗陶到陶器，再从陶器到瓷器。

煅烧的温度越高，器皿就越坚硬越密实。火的温度决定了器皿的种类。

人们发明窑之后，可以在高达 1000 ℃左右的高温下烧制器皿。观察我们燃烧时的状态便可知道，我们始终向上燃烧。所以，在阻挡火焰上升的窑里生火，可以产生比在地上煅烧时更高的温度。狭窄的窑炉里面很闷，所以会产生更多的热量。

经过窑内 1200 ～ 1400℃的高温烧制而成的器皿叫作瓷器。因为瓷器是在相对较高的温度下烧制的，所以土会更彻底地熔化，烧制好的器皿表面不会有微小的孔洞，水和其他物质不会轻易渗透，即使用锋利的金属刮也不容易划出裂纹。人们还会对瓷器进行上釉以使其更坚固。对了，你家浴室的马桶、面盆、瓷砖也是瓷器。

用土烧制的器皿中最精细的便是瓷器。因为它是在高温下烧制而成的，所以坚硬且耐热。用优质土制成器皿的形状，风干之后放在 900 ～ 1 000℃的高温下进行初次煅烧，然后在器皿表面绘制图画或装饰纹样后再上釉，并再次放入 1 200℃以

粗陶器没有施釉，所以会保持土的颜色，陶器和瓷器是上釉后烧制的，所以会有缤纷的色彩。

上的高温中进行煅烧。由于可在其表面作画，瓷器的纹样往往美丽繁杂。

现在，人们不再将这些技能只用在制作器皿上了。为满足特殊用途而采用最先进的技术制成的陶瓷称为先进陶瓷。由于先进陶瓷可以承受极端高温，因此也被用作火箭、导弹和航天飞机的材料。不仅如此，陶瓷还被用于制造人造骨骼和人造牙齿。怎么样，从制作简单的器皿到制作宇宙飞船的材料，我们火的作用是不是很神奇？

冶炼金属

　　我们火不仅帮助人们自如地使用泥土，还帮助人们自如地使用金属。人们利用火制造出各种工具。

　　大约一万年前，人们开始使用金属。金属大多以矿石的形式存在，所以人们需要借助我们的力量才能得到金属，我们火将石头中的金属熔化成人们可以使用的形式。

　　人们最早发现的金属是金、银、铜等，它们的熔化温度比其他金属要低。然而，由于它们柔软且数量很少，因此并没有被广泛使用，主要用于制作装饰品。

　　直到青铜被发现，人们才得以真正使用金属。青铜大约是在 6000 年前被偶然发现的，在当时的美索不达米亚，人们

在熔化铜时意外混入了一种黑色的砂石。那个时候，人们经常熔化铜来制作物件，所以没什么特别的。但由于和这种砂石放在一起，意想不到的事情发生了。砂石中含有的金属锡在和铜熔化混合后，形成了一种具有新属性的金属，那就是青铜。

青铜最早主要用于制造兵器，因为它比铜硬。现在只有到博物馆才能看到青铜剑和青铜盾，它们开启了人类历史的新纪元。人们用青铜制造武器并在战争中使用，强大的部落借此扩张势力，创建国家，共同生活的群体规模显著增加。渐渐地，青铜器在人们的生产生活中占据了重要的地位。因此，这一时期叫作青铜时代。

然而，制造青铜需要铜这种"贵"金属，所以当时很多人无法使用。

后来人们发现了铁，铁是迄今为止人们最常用的金属之一。铁被大量使用，是因为地球上铁的含量很多，而且，它比青铜还要坚硬。

铁要熔化，温度必须超过 1 538℃，这是比烧制瓷器高得多的温度。

要冶炼铁，就要控制好火。

大约公元前 13 世纪，人们才开始真正地使用铁来制造工具。这个时期被称为铁器时代。

起初，铁主要用于制造兵器，由于它容易获得，后来也被用于制造农具和其他物品，现在制造工具和机器时也经常用到铁。

　　想熔化铁并得到想要的形状，需要用到冶炼炉。与烧制陶瓷器的窑作用类似，只不过它烧制的是铁。冶炼炉是通过产生高温来熔化铁的窑。随着时间的推移，人们对铁的处理技能和建冶炼炉的工艺得到了改进。

　　就这样，人们借用我们火的力量向更高的水平发展。在每一个重要的历史时刻，我们都始终与人类同在。也就是说，有我们在的地方，就会有变化！

爆炸反应

　　使用我们来烧制器皿、冶炼金属，这仅用到了我们的一小部分力量。我们拥有的力量远超你的想象。

　　大约在 1700 年前，人们就知道爆炸的威力。人们利用我们的爆炸性发明了火药。爆炸是一种非常快速且剧烈的燃烧反应。爆炸的威力之大，你根本无法想象。让我们通过一个历史事件，来看看爆炸时究竟会产生多么可怕的力量吧。

1977 年 11 月 11 日，一辆货运列车停在韩国全罗北道里里站（现为益山站）。到了晚上，一名押运员走进列车车厢。押运员负责把列车上的东西安全运送到目的地。这名押运员在堆满纸箱的车厢内点燃了一支蜡烛后就睡着了。

哎呀，这么暗啊。火柴在哪里？

96

不久，押运员被烤醒了。他发现火蔓延到了纸箱上。

着火了！
着火了！

请帮帮我，车厢着火了！

车厢里装的什么呀？

是炸药。

什么！你是说炸药箱着火了？

人们在炸药爆炸前竭力灭火。当然，听到装载炸药的列车起火了，大多数人都忙着逃走。但没过多久，伴随着砰的一声巨响，爆炸发生了。随后又是砰的一声，接着又是砰的一声，连续发生了三次爆炸。

失火了！失火了！

火车上的炸药爆炸后，火车站大部分被炸毁，周围的房屋也被炸成碎片，车站500米范围内的建筑物全部被毁。爆炸在炸药所在的地方炸出一个直径30米、深10米的巨坑，造成1000多人伤亡。你能想象发生了多么严重的事故吗？

爆炸为什么会对周围产生如此巨大的影响呢？那是因为爆炸前的燃烧会非常迅速地产生大量气体。

燃烧的同时还会产生大量的气体，引发爆炸。

这些气体由于高温而迅速膨胀，膨胀产生的力破坏了周围的建筑物和所有物体。膨胀出来的气体威力如此之大，以至于它们可以吹走所有挡路的物体。

当燃料迅速燃烧时，可产生大量气体，人类制造的所有爆炸物都是利用了这一原理。若想发生迅速燃烧，需要什么条件？对！你需要迅速供应更多的氧气。

炸药会在燃烧过程中产生氧气，使燃烧变得更加剧烈并导致爆炸。

有些情况下，即使本身不是炸药，受氧气影响也可自发产生爆炸。粉状物质与氧气接触的面积很大时就容易发生爆炸。

即便到了 19 世纪，开采煤矿的矿山还是经常发生爆炸。煤炭原本是一种易燃燃料，煤矿中飘浮着大量煤粉。煤粉与氧气接触的面积很大，一旦开始燃烧，就很容易引起爆炸。因此，矿工在黑暗中点燃蜡烛探路时，常会发生粉尘爆炸。多么可怕的事故呀。

不仅煤粉，面粉和糖粉也可能发生爆炸。尤其是面粉，颗粒很小，很容易发生爆炸。当面粉被吹入空中时，面粉颗粒与空气接触的面积会变大，接触到大量氧气。因此，着火的面积随之增加，一旦燃烧就会发生爆炸。

在密闭的空间里，如果面粉发生爆炸，气体体积就会迅速膨胀，产生至少可轻易摧毁一座建筑物的力量。是不是很厉害？如果我们火突然快速增加，就会失去控制。

但是，人们真的很神奇，他们并不只是害怕爆炸，还会利用我们爆炸的力量，如开凿运河和隧洞，河流改道、筑水库等。

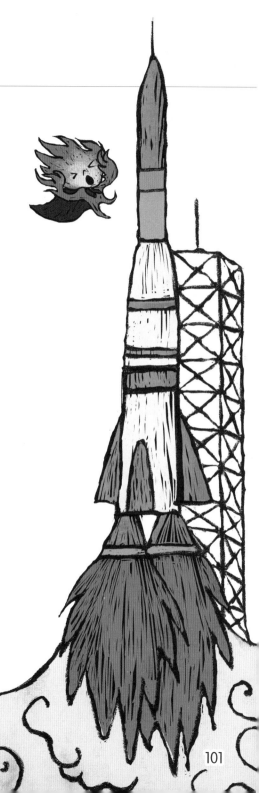

爆炸并非只会让人感到危险。威力巨大的爆炸也充满了梦幻和魅力。爆炸发生时产生的声响和光芒，其美丽足以令人惊叹。

火药是中国人发明的，最初用来制作烟花爆竹，驱赶鬼怪，或庆祝节日。砰砰的爆竹声更能让人们开心。烟花像我一样，伴随着火焰华丽绽放，呈现出美丽的形状。现

在，烟花已经向全世界传播开来，并逐渐发展，被用来装饰庆典。

爆炸的威力很大，且会产生巨大的能量。但总的来说，利用好我们是人类的分内之事。虽然我们危险，足以引发可怕的事故，但只要处理好，我们无论在哪里都能发挥出积极的作用！

提供能量

你知道吗？人类用以生存的能量有四分之三以上是燃烧时产生的。能量是指可使物体运动或做功的力量，是维持你活动的力量之源！

我们释放光和热。以前，人们顶多用我们释放的能量照亮黑暗或做饭菜。现在，人们在很多方面都会用到我们释放的能量，比如维持室温、收看电视、清洗衣物、制造物品、乘坐汽车或飞机出行等。

总而言之，人们利用我们火来运转机器。

水蒸气的力量使锅盖发生抖动。

人们用我们所具有的热能烧水从而产生水蒸气，然后用水蒸气来驱动机器。使用这种方法是从发明蒸汽机开始的。多亏了蒸汽机，人们劳苦的工作才被机器所替代；多亏了蒸汽机车，更多的人和物资才得以在城市间穿行。

现在虽然蒸汽机不怎么见了，但这种方法还在被沿用。在火力发电站，用燃烧燃料时产生的热能来烧水，从而产生水蒸气。水蒸气使涡轮这种装置运转，涡轮转动时可产生电。

19世纪末，人们发明了内燃机。内燃机不是靠水加热后产生的水蒸气来驱动机器的，而是利用汽油或柴油燃烧时产生的热和气体的力量来直接驱动机器的装置。内燃机可用作汽车发动机。汽车发动机将燃料和空气搅拌均匀，然后用电火花引燃燃料。瞬间使大量气体发生膨胀，发动机正是利用气体的力量来驱动汽车的。

不管是用蒸汽机还是用内燃机，这些机器所需的大部分能量都是通过燃烧化石燃料获得的。所有的化石燃料都容易燃烧。你问什么是化石燃料？谈到化石，只能想起恐龙吗？哈哈。化石燃料是像恐龙一样，生活在数亿年前的动植物死去后沉入地下，经过固化过程而形成的燃料。煤炭、石油、天然气等是典型的化石燃料。

人们最初使用的化石燃料中最多的是煤炭。但是煤炭会产生大量污染物，而且煤矿安全事故多发，所以人们开始寻找其他化石燃料。从那时起，石油和天然气被大量使用。比起煤炭，这类燃料使用起来更为方便，而且容易燃烧。

不过这种化石燃料燃烧时，会产生大量二氧化碳，会对地球环境产生不好的影响。再加上储存量有限，不久的将来就会

枯竭。 所以，人们开始关注可减少环境污染，且能够持续使用的新能源来代替化石燃料。比如，水能、原子能、太阳能、风能等能源。那我火旋风的作用现在要消失了吗？这听起来可真让人失落！

人们开始寻找新的能量，然而，要想找到完美的新能源绝非易事。要想利用水能或原子能，就必须新建巨大的发电站。要想利用太阳能或风能，就必须开发能够收集分散于自然界的阳光或风的装置。

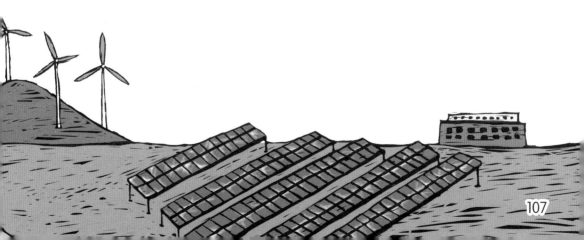

因此，人们想出了燃烧其他燃料而非化石燃料的方案。要想获得能量果然还得靠我们，必须要有火的力量！

人们关心的燃料中，最具代表性的就是生物质能，生物质能是指所有可用作能源的生物体。说到生物质能，听起来感觉很难？哎哟，先不用害怕。木材就是有代表性的生物质能。与化石燃料不同，树木是可以再生的资源。最近备受关注的生物质能就是家畜的排泄物或食物垃圾。人们发现这些垃圾在腐烂时会产生甲烷或氢气等气体，这些气体都是易燃的燃料。于是，人们开始收集垃圾腐烂时产生的气体，并将其用作燃料。另外，人们还建了一种发电站，这种发电站可以利用垃圾燃烧时产生的热量来发电。

尽管有这么多的方法，但为了保护地球，最好还是尽可能地少用我们火的力量。人们从很久以前到现在一直在利用我们释放的能量，我们燃烧时必然会产生大量的二氧化碳和其他大气污染物。

人们在获取能量的过程中产生的二氧化碳引起了全球变暖，由此导致了无数的气候变化。世界各地频发洪水、台风、龙卷风、干旱等气象灾害，作为一直与人类发展相伴的我，也感到非常忧心。

　　但是，我相信人们会找到更好的办法。就像人们使用火的历程一样，掌握并更好地利用我们，继而书写历史，开辟新时代。

结束语

和我一起了解了火的世界，感想如何？

我们火的本质是什么？该怎样控制并使用我们？

现在，你心中有数了吧？

好吧，虽然我们为人们的生活提供了巨大的帮助，

但有时也会变得凶猛危险，

所以要时刻留意呀！

但你无须担心。

因为你对我们足够了解呀。

以后每当你看到炉膛里有火熊熊燃烧时，

请记住那是我们在努力工作。

现在是时候变回

百变科学博士啦。

再见喽！

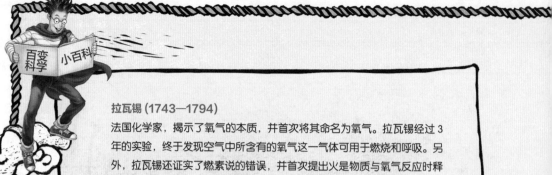

拉瓦锡 (1743—1794)

法国化学家，揭示了氧气的本质，并首次将其命名为氧气。拉瓦锡经过 3 年的实验，终于发现空气中所含有的氧气这一气体可用于燃烧和呼吸。另外，拉瓦锡还证实了燃素说的错误，并首次提出火是物质与氧气反应时释放出光和热的现象。

燃点

指某一物质在外部热源的作用下开始燃烧的最低温度。物质要燃烧的话，温度要达到燃点以上。每种物质的燃点各不相同。燃点低的物质稍微受热就可燃烧，燃点高的物质则不易燃烧。

灭火

破坏燃烧的三个条件中的一项，就能阻断燃烧。灭火的方法有清除可燃物、隔绝氧气、将温度降低到燃点以下等。发生火灾时，浇水可降低物质的温度，覆盖毡毯或沙子能阻断氧气供给。另外，在火蔓延方向的另一侧设防火隔离带是提前清除可燃物的方法。

能量

燃烧时可释放热能和光能。能量指可使事物运动的能力，也包含可做功的一切能力。能量具有多种形态。例如，储存在燃料或食物等物质中的化学能、位于高处的物体所具有的势能，以及运动的物体所具有的动能。光、声音、电与磁等也是能量的一种。

燃料

木头、石油、煤炭、天然气等易燃物质叫作燃料。根据状态，燃料可分为木材、碳和煤等固体燃料；石油、酒精等液体燃料；甲烷、丙烷、丁烷等气体燃料。人们通过燃烧燃料来获得能量。

燃烧

人们通常所说的燃烧是指某种物质与氧气发生氧化还原反应时释放出光和热的现象。燃烧期间产生的光和热叫作火。燃烧需要具备可燃物、氧气，以及高于燃点的温度，这三个条件叫燃烧的三要素。

燃素说

德国化学家施塔尔（1660—1734）提出的理论，该理论认为燃烧现象是物质中的燃素向空气中逃逸的过程。该观点认为，可以燃烧的物质——燃料是由灰和燃素结合而成的，通过燃烧这一过程，燃素在逸出时产生光和热，留下灰烬。而且，像这样逃逸到空气中的燃素在被植物吸收后可重新变成燃料。此前，人们一直认为火是某一种类的物质，施塔尔首次将火解释为燃烧这种现象。

审阅者寄语

通过火进行科学探索！

火是我们周围非常容易接触到的一种现象，由于火在生活中经常被使用，所以我们非常熟悉。但在遥远的古代，火则是让人类惊奇且恐惧的对象。因为人们无法知道威力巨大的火是怎样产生的，又该如何熄灭。

对人类来说，火的利用和石器的使用同为促进人类文明发展的原动力。人类使用火的历史虽长，但真正认识火的本质仅250年左右。同样，揭示火的本质是非常困难的。这本书用通俗有趣的语言诠释了扑朔迷离的火的世界。

从多个角度来观察自然事物和自然现象，你会有很多疑问，而对自然的探索就开始于这种好奇心。本书通过提出疑问、说明解释、实验、提出根据、逻辑推论、模型活用等多种方式来解答这些疑问。

特别是通过仔细观察蜡烛燃烧的现象来解释燃烧的过程，以及在推理火焰形状的过程中，充分展现了科学探索的一个方面。另外，想象空间站上蜡烛形状的推理活动也很棒。

很多人认为科学故事无趣且难以理解，像火这样的主题更是如此。这本书从学生的视角出发，为学生轻松解答了这些难题。多亏作者长期在教育一线接触并了解学生，才能满足学生的诉求。

如果科普读物不仅能为人们理解事物或自然现象提供有趣的知识，还能帮助人们了解基本科学概念，培养观察事物的科学视角，我们还有什么不满足的呢？相信这本书将帮助孩子更加关注周围的事物以及自然现象，帮助他们最终成长为具有科学素养的人。

崔秉顺

讲给孩子的基础科学

电是怎样产生的？风是如何形成的？
我们的周围充满了各种神奇的秘密。
张开好奇心的翅膀，天马行空地去想象，
这是一件多么令人激动、令人神往的事情！
科学就起源于这令人愉悦的好奇心和想象力。
从现在起，百变科学博士将
变身为电子、风、遗传基因等各种各样的奇妙事物，
带您去探索身边的科学奥秘，
开启一趟充满趣味、惊险刺激的科学之旅！
来吧，让我们向着科学出发！